Florian Michaelsen

Nachhaltiger Tourismus in Kanada - Wunsch oder Wirklichkeit?

Ein neues Paradigma veranschaulicht am Beispiel der staatlichen Nationalparkpolitik

GRIN Verlag

Bibliografische Information der Deutschen Nationalbibliothek:

Die Deutsche Bibliothek verzeichnet diese Publikation in der Deutschen National-
bibliografie; detaillierte bibliografische Daten sind im Internet über http://dnb.d-
nb.de/ abrufbar.

Impressum:

Copyright © 2004 GRIN Verlag GmbH
Druck und Bindung: Books on Demand GmbH, Norderstedt Germany
ISBN: 978-3-638-65037-3

Dieses Buch bei GRIN:

http://www.grin.com/de/e-book/29644/nachhaltiger-tourismus-in-kanada-wunsch-
oder-wirklichkeit

GRIN - Your knowledge has value

Der GRIN Verlag publiziert seit 1998 wissenschaftliche Arbeiten von Studenten, Hochschullehrern und anderen Akademikern als eBook und gedrucktes Buch. Die Verlagswebsite www.grin.com ist die ideale Plattform zur Veröffentlichung von Hausarbeiten, Abschlussarbeiten, wissenschaftlichen Aufsätzen, Dissertationen und Fachbüchern.

Besuchen Sie uns im Internet:

http://www.grin.com/

http://www.facebook.com/grincom

http://www.twitter.com/grin_com

Universität Trier
Fachbereich VI – Wirtschafts- und Sozialgeographie
Oberseminar 6074: Kanada SS 2004

Nachhaltiger Tourismus in Kanada; Wunsch oder Wirklichkeit?

Ein neues Paradigma veranschaulicht am Beispiel der
staatlichen Nationalparkpolitik

„Zukünftig wird es nicht mehr darauf ankommen, dass wir überall hinfahren können,
sondern ob es sich lohnt, dort noch anzukommen"

Hermann Löns, *1866 - †1914

Florian Michaelsen

7. Fachsemester – BWL (TRS),

Nachhaltiger Tourismus in Kanada; Wunsch oder Wirklichkeit?
Ein neues Paradigma veranschaulicht am Beispiel der staatlichen Nationalparkpolitik

Inhaltsverzeichnis

Abbildungsverzeichnis

Abkürzungsverzeichnis

BIP	Bruttoinlandsprodukt
CO_2	Kohlenstoffdioxid
DMO	Destination Management Organisation (Zielgebietsagentur)
Mrd.	Milliarden
NP	Nationalpark
NPPAC	National and Provincial Parks Association of Canada
NRO	Nicht-Regierungs-Organisation
ÖPNV	Öffentlicher Personennahverkehr
SARS	Schweres Akutes Respiratorisches Syndrom
USA	United States of America
Vgl.	Vergleiche
WTO	World Tourism Organisation
WWF	World Wide Fund for Nature
z.B.	zum Beispiel

1. Einleitung

Im Jahr 2002 erwirtschaftete Kanada 5,25% seines Bruttoinlandsprodukts (BIP) durch Tourismus[1]. Somit stellt Tourismus einen vergleichsweise bedeutende Wirtschaftsfaktor für Kanadas dar, vergleichbar mit z.B. dem Gesundheitswesen oder der Bauindustrie. Nimmt man die Export-Basis-Theorie[2] als ökonomische Ausgangssituation, ist davon auszugehen, dass die Basisindustrie *Incoming Tourismus* eine besonders hohen Einfluss auf die ökonomische Entwicklung der kanadischen Volkswirtschaft besitzt. Das Statistische Bundesamt Kanadas *Statcan* bewertete jedoch den Incoming Tourismus in seiner ökonomischen Bedeutung niedriger als den Binnentourismus. Dieser generiert etwa zwei Drittel der Gesamtwertschöpfung[3] im Tourismus. Etwa 83% der touristischen Aufenthalte über 24 Stunden entfallen auf kanadischen Binnentourismus (absolut etwa 92,1 Millionen Reisen im Jahr 2002)[4]. Im pro Kopf Vergleich entfallen aber höhere Summen auf den Übersee- bzw. Intrakontinentaltourismus (vor allem aus den USA)[5].

Die Tourismusbranche sieht sich aber weitreichenden Veränderungen gegenüber. Neben den klassischen Problemen der Branche[6] sieht sich die Industrie der wachsenden Terrorangst konfrontiert. Zusätzlich ist eine Veränderung der Reisetrends beobachtbar. Neue Segmentierungskriterien[7] verändern die Aufgabenfelder der Unternehmen, während die soziologische, ideologische und gesellschaftspolitische Kritik am sog. *Harten Tourismus (Massentourismus)* das Reiseverhalten weltweit beeinflussen.

Die einzigartige ökologische Vielfalt Kanadas stellen in diesem Zusammenhang ein Potential dar, auf diese Entwicklungen zu reagieren. Moderne Formen des Tourismus, so z.B. *Ökotourismus* oder *Nachhaltiger Tourismus* sollen in der vorliegenden Arbeit definiert, analysiert und ökonomisch bewertet werden. Durch welche operationalisierbaren Kriterien ist Ökotourismus erkenn- bzw. bewertbar?

---

[1] Eigene Berechnung nach Statistics Canada, http://www.statcan.ca/english/Pgdb/prim03.htm in Verbindung mit http://www.statcan.ca/english/freepub/13-009-XIB/13-009-XIB2004001.pdf, S.XVI, 22.08.2004.

[2] Vgl. Export Basis Konzept z.B. in Bathelt/Glückler 2002, S. 75f.

[3] Touristischer Anteil des BIP 2002: $ 52,1 Mrd. vgl. http://www.statcan.ca/english/freepub/13-009-XIB2004001.pdf, S.XVI, 22.08.2004.

[4] Vgl.Statistics Canada, http://www.statcan.ca/Daily/English/031006/d031006b.htm, 22.08.2004.

[5] z.B. durch länger Aufenthalte, vermehrte Nutzung von Hotel- und Gastronomiebetrieben usw.

[6] Nicht Lagerfähigkeit der Dienstleistung; uno actu Prinzip; starke Konjunkturabhängigkeit.

[7] geographische Quellgebietssegmentierung vs. Segmentierung nach psychografischen Kriterien (Affinity Groups) vgl. z.B. Meffert 2000, S.181.

Welche Chancen und Umsetzungsstrategien ergeben sich für Kanada und im besonderen für das kanadische Nationalparksystem? Hierzu soll auch im Detail auch auf die Historie und Entwicklung des kanadischen Nationalparksystems eingegangen werden. Im letzten Teil der Arbeit soll anhand einiger Fallstudien die tatsächliche Umsetzung dieser neuen Tourismusformen analysiert werden. Hat sich der Tourismus nachhaltig verändert, oder wird Ökotourismus als Sigel ohne Internalisierung ökologischen Kriterien im Sinne eines Etikettenschwindel verwendet?

2. Definitionen und Begrifflichkeiten

2.1 Sanfter Tourismus

Hans-Magnus Enzensberger stellte schon 1979 fest: „Der Tourismus zerstört das, was er sucht, indem er es findet". Die Erhaltung der touristischen Destinationen erfolgt also aus der pragmatischen Begründung einer ökonomischen Nutzbarkeit. Hier gilt es einen Ausgleich zwischen Übernutzung und `optimaler Ausbeutung´ zu finden. Kann es überhaupt einen Grad der optimalen Nutzung einer Region geben? Hieraus ergibt sich das Doppelziel ökologisch/ökonomisch ausgeglichener Destinationspolitik. Schutz **vor** dem Tourismus als Grundlage eines Schutzes **für** den Tourismus[8]. Entstanden durch die Kritik am sog. *Harten Tourismus* (Massentourismus) und seinen ökologischen, ökonomischen, sozialen und kulturellen Schattenseiten entwickelte sich die Konzeptidee *sanfter Tourismus*. Unter diesem Begriff wird heute Umweltverträglichkeit, Sozialverträglichkeit, eine optimale Wertschöpfung und eine *neue Reisekultur* im Tourismus verstanden[9]. Die Realisierungskonzepte des sanften Tourismus sollen vor allem über qualitatives Tourismuswachstums gesichert werden. Es geht also nicht darum eine Destination durch intensivere touristische Nutzung zu bearbeiten, sonder vielmehr durch z.B. Diversifizierung und Qualitätssteigerung erhöhte Zahlungsbereitschaft der Kunden zu generieren.

2.2 Ökotourismus (Ecotourism)

Ökotourismus ist ebenso kein scharf abzugrenzender Begriff. Generell geht es hier vielmehr um die reine ökologische Verträglichkeit der touristischen Inwertsetzung. Kriterienmerkmale sind in diesem Zusammenhang:

- ein möglichst geringer Eingriff in den Naturhaushalt

- ein geringer Landschaftsverbrauch

- geringe Veränderungen des natürlichen Landschaftsbildes und

- die Erhaltung der naturnahen Kulturlandschaft[10].

---

[8] Vgl. Bundesamt für Naturschutz, http://www.bfn.de/03/031402_iveumwelt.htm 15.07.2004.
[9] Vgl. Bundesamt für Naturschutz, http://www.bfn.de/03/031402_ivesanft.htm, 15.07.2004.
[10] Vgl. Bundesamt für Naturschutz, http://www.bfn.de/03/031402_iveumwelt.htm, 15.07.2004.

Ansonsten divergieren die Definitionen des Ökologischen Tourismus/Ecotourism. Während die *Ecotourism Society*, 1991 eher auf verantwortungsvolle Reisen zur Konservierung der Umwelt und Sicherung des Wohlfahrtsniveau der örtlichen Bevölkerung abstellt, geht die *World Tourism Organisation* (WTO)[11] in ihrer Definition stärker auf das Genusserlebnis ein[12]. Umwelt dient hier vor allem als Bewunderungsobjekt und soll gesichert werden, um nachfolgenden Generationen die Chance zu bieten von ihr zu lernen. Beide Organisationen sind der Meinung das Ökotourismus nur in unzugänglichen bzw. unerschlossenen Regionen stattfinden kann, da eine Massenbearbeitung diesen Werten antithetisch gegenüberstünde.

2.3 Nachhaltiger Tourismus (Sustainable Tourism)

Der Begriff *Nachhaltigkeit* ist nicht zuletzt durch die Diskussion über die „(Lokale) Agenda 21" vielzitiert und fehlgedeutet/fehlverwendet worden. Die *Brundtland Kommission* definierte *Nachhaltigkeit* 1987 als:

> **"Sustainable development is development that meets the needs of the present without compromising the ability of future generations to meet their own needs."**
>
> Quelle: Bundeszentrale für politische Bildung

Zusätzlich darf keine regionale Diskriminierung der Nutzung von natürlichen Ressourcen stattfinden[13]. Im Sinne des Tourismus wurde von der *World Conference of Sustainable Tourism* auf Lanzarote, 1995 die *Charta for Sustainable Tourism* ratifiziert, die 18 Eckpunkte des Nachhaltigem Tourismus definiert, von denen die wichtigsten Punkte nachfolgend aufgeführt werden:

- Sicherung der ethische, soziale und ökologische Verträglichkeit für die Bewohner eines Zielgebietes. Jede touristische Aktion hat das Ziel das Wohlfahrtsniveau für alle Menschen zu erhöhen.

- Nachhaltigkeit und somit Erhalt des natürlichen und kulturellen Erbes wird über einen integrierten Managementprozess und kontinuierliche Evaluation erzielt.

---

[11] Nichtregierungsorganisation, bestehend aus 144 Ländern und Regionen, sowie 350 Unternehmen des öffentliche und privaten Sektors. Ziel ist die Vermarktung und Entwicklung des Tourismus zur Erreichung von Frieden, sozialem Verständnis, ökonomischen Zielen sowie Handelsausweitung.

[12] Vgl. World Tourism Organisation, www.world-tourism.org/isroot/wto/pdf/1250-1.pdf, 22.08.2004.

[13] Sustainable Development Forum e.V. Forum für Nachhaltige Entwicklung Universität Passau, http://www.sd-forum.de/nachhaltigkeit/main.html, 22.08.2004.

- Tourismus muss in seiner ökonomischen Zielsetzung das fragile Gleichgewicht der Umwelt beachten und sich diesem Anpassen.

- Tourismus darf die kulturelle Identität und Tradition der Einwohner nicht verändern, sondern sollte sich für die Erhaltung dieser proaktiv einsetzen.

- Die Entwicklungskonzepte des Tourismus müssen über enge Kooperation und Koordination mit allen relevanten Akteuren (vor allem auf kommunaler Ebene) abgesichert werden. Die Regierungen sollten alle hierauf ausgerichteten Aktivitäten unterstützen und fördern

- Bewahrung der Umwelt vor und für den Tourismus (vgl. 2.1 Sanfter Tourismus) durch quantitative Planung.

- *Regionalitätsprinzip* im Sinne der Nutzung regionaler Potentiale (z.B. regionale Zulieferer, Produkte etc.) soll angewendet werden.

- Verteilung des Tourismus in zeitlicher und quantitativer Sicht über das gesamte Jahr, um besonders schützenswerte Regionen zu entlasten.

- Vermarktungsunterstützung von nachhaltigen touristischen Angeboten durch die (lokale) Regierung.

- Aufbau von Informationsplattformen und Netzwerken zur Kommunikation von Wissen, Erfahrungen und Forschung von nachhaltigen Touristischen Konzepten.

- Unterstützung des ÖPNV und von Reiseformen, die nichterneuerbare Ressourcen in geringem Maße in Anspruch nehmen[14].

> **„Nachhaltiger Tourismus ist von den Grundsätzen der Erklärung von Rio über Umwelt und Entwicklung und den Empfehlungen der Agenda 21 geleitet. Er muss soziale, kulturelle, ökologische und wirtschaftliche Verträglichkeitskriterien erfüllen. Nachhaltiger Tourismus ist langfristig, d.h. in Bezug auf heutige wie auf zukünftige Generationen, ethisch und sozial gerecht und kulturell angepasst, ökologisch tragfähig sowie wirtschaftlich sinnvoll und ergiebig".**
>
> Quelle: Forum Umwelt und Entwicklung, 1999

Das vielfältige Zielsystem Nachhaltiger Tourismus wird z.T. durch (supra-) nationale/regionale Zertifizierungsprozesse abgesichert[15]. Generell lässt sich aber sagen, dass der Begriff des *Nachhaltigen Tourismus* kein feststehender Begriff ist, sonder vielmehr ein diffuser/emotionaler Ausdruck einer naturkonservierenden, nicht anthropozentrischen Philosophie. Trotz- oder gerade deswegen hat das

---

[14] Vgl. Charta for Sustainable Tourism, http://www.insula.org/tourism/document.htm, 10.08.2004.

[15] Vgl. z.B. European eco-Label for tourist accomodation services, http://europa.eu.int/comm/environment/ecolabel/index_en.htm,, 23.08.2004 oder The Ecotourism Portal http://www.ecotourism.cc/, 26.08.2004.

Umweltbundesamt einen detaillierten Kriterienkatalog zur Orientierung hierzu veröffentlicht[16].

2.4 Kanadische Großschutzgebiete

Da in der vorliegenden Arbeit vor allem auf den Zusammenhang des kanadischen Parksystem und Nachhaltigem Tourismus abgestellt wird, soll hier nicht weiter auf die definitorischen Details der Parks in Kanada eingegangen werden. In diesem Kontext bietet z.B. eine Segmentierung in *National Parks, Provincial Parks, National Park Reserves oder Biosphären* etc. keinen weiterführenden Nutzen. Trotzdem erscheint ein kurzer historischer Überblick bzw. eine verständnisorientierte Einordnung der kanadischen Nationalparkpolitik im anschließenden Gliederungspunkt sinnvoll.

Die zuständige Behörde[17] definiert National Parks in ihrem Verständnis, wie folgt:

"National Parks are a country-wide system of representative natural areas of Canadian significance. By law, they are protected for public understanding, appreciation and enjoyment, while being maintained in an unimpaired state for future generations. "

Quelle: Parks Canada, o.J.

Grundsätzlich handelt es sich um eine genau definierte Fläche, die unter dem *Canadian National Park Act*[18] von 1930 gesetzlich geschützt, einer bestimmten Nutzung zugeordnet und staatliches Eigentum ist. Diese Regionen sind im Allgemeinen Naturschutz- und Erholungsgebiete, historische Denkmäler, Lehrpfade und einzigartige maritime Regionen[19].

---

[16] weitere Informationen unter: Nachhaltiger Tourismus – Beitrag der Tourismusanbieter, http://www.umweltbundesamt.de/nachhaltiger-tourismus/index.htm, 10.08.2004.
[17] Vgl. Parks Canada Agency, http://www.parkscanada.pch.gc.ca/progs/np-pn/index_E.asp, 21.08.2004.
[18] siehe Gliederungspunkt 3.1.
[19] Vgl. Lenz 2001, S. 108.

3. Kanadisches Verständnis von Großschutzgebieten (GSG)

3.1 Historische Entwicklung

Vorangestellt sei, dass für die nachfolgende Ausführungen die Unterscheidung der Begriffe National Park, Provincial Park und National Park Reserve unter dem Begriff Großschutzgebiet zusammengefasst werden. Für die Analyse im Sinne einer Nachhaltigkeitsuntersuchung ist eine genauere Differenzierung nicht zweckdienlich und notwendig.

Heute sind etwa 2% (4%) der kanadische Landfläche durch 38 Großschutzgebiete (und Provinzparks) geschützt[20]. Zusammen sind dies etwa 222.700 km² was etwa 60% des bundesdeutschen Staatsgebiet (357.000 km²) entspricht[21]. Ziel des 3.National Park System Plan ist es, alle 39 als ökologisch einzigartige und typische Regionen[22] des kanadischen Hoheitsgebiet mit einem Nationalpark zu schützen und zu konservieren[23].

Der Anfang des kanadischen Parksystems liegt im November 1885, als zwei Arbeiter der Canadian Pacific Railway in der Nähe der Bahnstation Banff heiße Quellen entdeckten. Aus egoistisch-ökonomischen Gründen stellten Sie den Antrag, das Land von der kanadischen Regierung zu erwerben. Der Zeitschrift GEO Saison 1995 zu folge sollen Sie „Gott ist mein Zeuge, so etwas schönes habe ich noch nie gesehen" ausgesprochen haben, als Sie den Lake Louise das erste Mal sahen. Kurz zuvor (1872) war in den Vereinigten Staaten der *Yosemite National Park* gegründet worden, was die kanadische Regierung beeinflusste ein rund 26 km² großes Areal um die Bahnstation Banff als den *Rocky Mountain Park* (später *Banff National Park*) als ersten kanadischen Nationalpark auszuweisen. Zunächst wurde das Gebiet hierdurch Eigentum der Regierung, unverkäuflich und nicht mehr verfügbar für den privaten (Bau-)Markt[24]. Schnell sollten die natürlichen Ressourcen touristisch

---

[20] Vgl. Dearden/Rollins 1993, S. 3 und Anhang 1.

[21] Eigene Berechnung nach Anhang 1 und Statischem Bundesamt, http://www.destatis.de/basis/d/umw/ugrtab7.php, 22.08.2004. Parks Canada liefert hierzu uneinheitliche Daten in ihrem Protected Heritage Report 1999 gehen Sie von 244.500 km² aus (vgl. Parks Canada 1999, S. 18).

[22] siehe Anhang 2.

[23] Vgl. Parks Canada, http://www.pc.gc.ca/docs/pn-np/nation/nation5_e.asp, 21.08.2004. Bis heute sind 25 der 39 als ökologisch einzigartigen Regionen durch mindestens einen NP vertreten.

[24] Vgl. Dearden/Rollins 1993, S. 18.

inwertgesetzt werden, Straßen, Brücken und Hotels gebaut werden, um Banff zum „greatest and most successful health resort on the contintent[25]" zu machen.

Es folgten die Gründungen der Nationalparks Yoho (1886), Waterton Lake (1895) und Jasper (1907). 1911 wurde von der kanadischen Regierung eine Behörde[26] geschaffen, die das existierende Parksystem verwalten, ergänzen und nutzen soll[27]. Hierauf folgte die Ausweisung mehrerer Gebiete außerhalb der Rocky Mountains in Ost- und Zentralkanada.

Mit dem National Park Act[28] 1930 wurde das kanadische Nationalparksystem als *national treasure* definiert. Es wurde die unbeschränkte Ressourcenausbeutung (z.B. Mineralien, Metalle, Holz, Wasser) verboten und eigene Nationalparks geschaffen, die gezielt die Populationen von bedrohten Tierarten schützen sollte. Der National Park Act legte den Ausweisungs-, Entschädigungs-, und Administrationsprozess für die hierunter fallende Gebiete fest[29].

In der zweiten großen Ausweisungswelle in den 70er Jahren wurden vor allem große Areale in den Northwest Territories und Yukon als Nationalparks deklariert. Hinzu kamen viele kleinere Ausweisungen vor allem in Quebec, Newfoundland und Saskatchewan.

In der jüngeren Geschichte (seit der 90er Jahre) wurden vermehrt größere zusammenhängende Gebiete (4.300 – 16.340 km²) in den Northwest Territories, Yukon und Manitoba ausgewiesen[30].

---

[25] Dearden/Rollins 1993, S. 18.

[26] Mehrfach umbenannt ist heute die Parks Canada Agency für die Verwaltung des Naturerbes Kanadas verantwortlich vgl. Parks Canada, http://www.pc.gc.ca/apprendre-learn/prof/TRC/pdf/evolution_e.pdf, 21.08.2004.

[27] Vgl. Parks Canada, http://www.pc.gc.ca/apprendre-learn/prof/TRC/pdf/evolution_e.pdf, 21.08.2004.

[28] Vgl. Department of Justice Canada, http://laws.justice.gc.ca/en/n-14.01/19110.html, 21.08.2004.

[29] Ebenda.

[30] siehe Anhang 2.

Abbildung 1: Wichtige Großschutzgebiete in Kanada

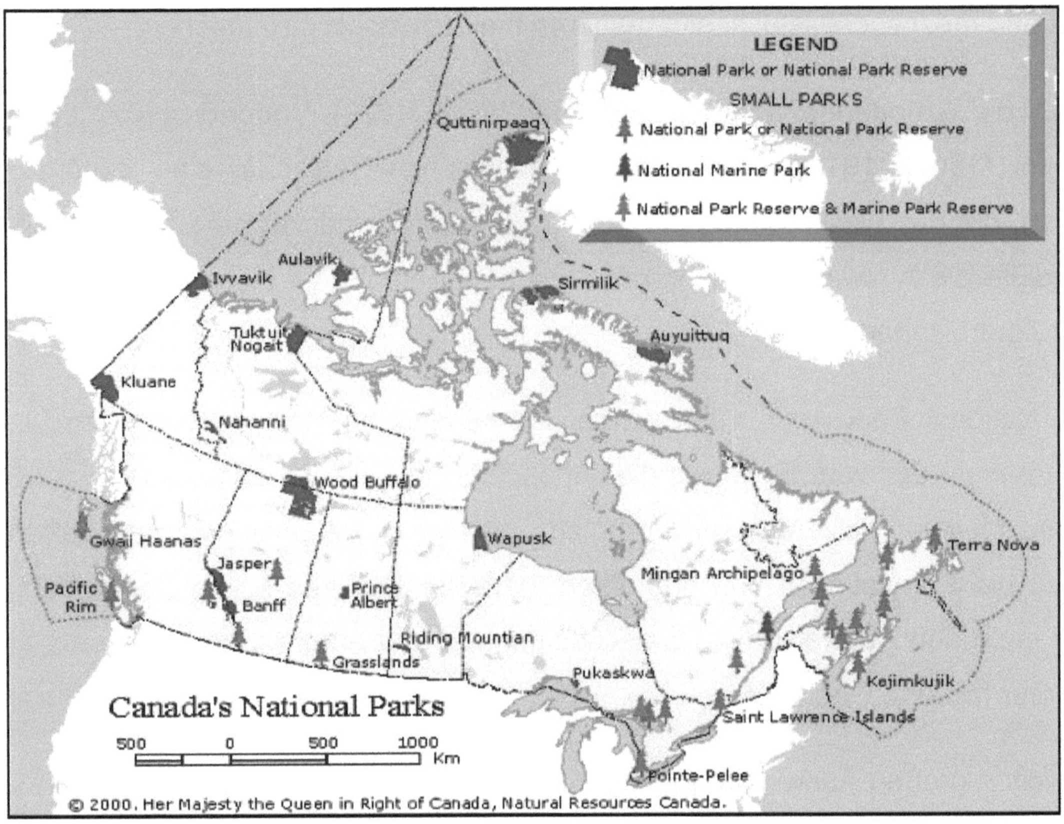

Quelle: http://listingsca.com/parksmap.asp, 16.06.2004

3.2 Paradigmenwechsel in der Nationalparkpolitik

Wie schon im historischen Überblick erwähnt war die kanadische Nationalparkpolitik in ihren Anfänge keineswegs eine umwelt- und erhaltungsorientierte Strategie das landschaftsökologische Erbe zu schützen. Vielmehr galt es die Ressource Natur touristisch auszubeuten und so die kanadische Wertschöpfung zu erhöhen. Aus rein pragmatischen Gründen, also aufgrund anthropozentrischer Sichtweise, wurde jedoch schon mit dem Rocky Mountain Park Act 1887 das schlagen von Holz, fischen und jagen von Vögeln beschränkt[31].

Mit der Gründung der Dominion Park Branch (später *Parks Canada Agency*) 1911, setzte ein erstes Umdenken ein. Der Vorsitzende James B. Harkin, stark beeinflusst durch den amerikanischen Naturalisten John Muir, empfand den Sinn der NP im Erholungsnutzen[32]. Menschen sollen Natur bewundern und *die Stille des Waldes* genießen. Um nicht zukünftigen Generationen diese Chance zu nehmen, sollten die

---

[31] Vgl. Dearden/Rollins 1993, S. 20.
[32] Vgl. Dearden/Rollins 1993, S. 21.

NPs vor Übernutzung bewahrt werden[33]. Auch diese Sichtweise ist noch als anthropozentrisch zu charakterisieren. Die Politik Harkins führte 1930 zum National Park Act: Parkgebiete konnten nun nur noch durch parlamentarische Legitimation in ihrer Nutzung, Ausweisung sowie territoriale Ausdehnung verändert werden. Die industrielle Nutzung wurde zur Gänze untersagt, sowie die Ausbeutung natürlicher Ressourcen stark beschränkt[34]. Trotzdem ließ die Interpretation des Gesetzes, sowie die Formulierung noch viele mögliche– nicht nachhaltige – Nutzungsprojekte zu.

> "The national parks of Canada are hereby dedicated to the people of Canada for their benefit, education and enjoyment, subject to this Act and the regulations, and the parks shall be maintained and made use of so as to leave them unimpaired for the enjoyment of future generations."
>
> Quelle: Department of Justice Canada

Die Aufgabe der Parks Canada Agency definiert sich heute als:

> "To protect and present nationally significant examples of Canada's natural and cultural heritage and foster public understanding, appreciation and enjoyment in ways that ensure the ecological and commemorative integrity of this heritage for present and future generations."
>
> Quelle: Parks Canada Agency 1999

Ab den 60er Jahren fand ein weiteres Umdenken (shift) vor allem in der Bevölkerung statt. Die Umweltbewegung brachte Themen wie Wasser- und Luftverschmutzung, ungehinderter Haus- und Industrieanlagenbau in das öffentliche Bewusstsein. Unter öffentlichem Druck wurde eine Nicht-Regierungs-Organisation (NRO) zur Kontrolle des National Park Act geschaffen, die vor allem den kommerziellen Einfluss großer Industriekonzerne in den Parks überwachen und einschränken sollte. Unter der Aufsicht der *National and Provincial Parks Association of Canada* (NPPAC) wurden diverse kommerzielle Eingriffe in das NP-System verhindert (u.a. die Olympischen Winterspiele 1972 im Banff NP).[35] 1964 wurde festgelegt, dass sich der ökologische Nutzen einer ökonomischen Messbarkeit entzieht und die Parks aus sich selbst

---

[33] Vgl. Dearden/Rollins 1993, S. 24.
[34] Vgl. Dearden/Rollins 1993, S. 28.
[35] Vgl. Dearden/Rollins 1993, S. 29.

heraus schützenswert sind. Es wurde herausgestellt, dass die Erhaltung des ursprünglichen Zustandes eines NP primäre Aufgabe ist, und die touristische Inwertsetzung diese Ziel nicht gefährden darf[36]. In diese Zeit fällt auch die Entwicklung des Zonenkonzeptes, das in Gliederungspunkt 3.5 näher erläutert wird. Es wurden weiter Beherbergungsbetriebe an die Parkränder verlagert, Skigebiete eingegrenzt und versucht touristische Eingriffe zu minimieren.

Abbildung 2: Suggested influence of various external groups on park management over time

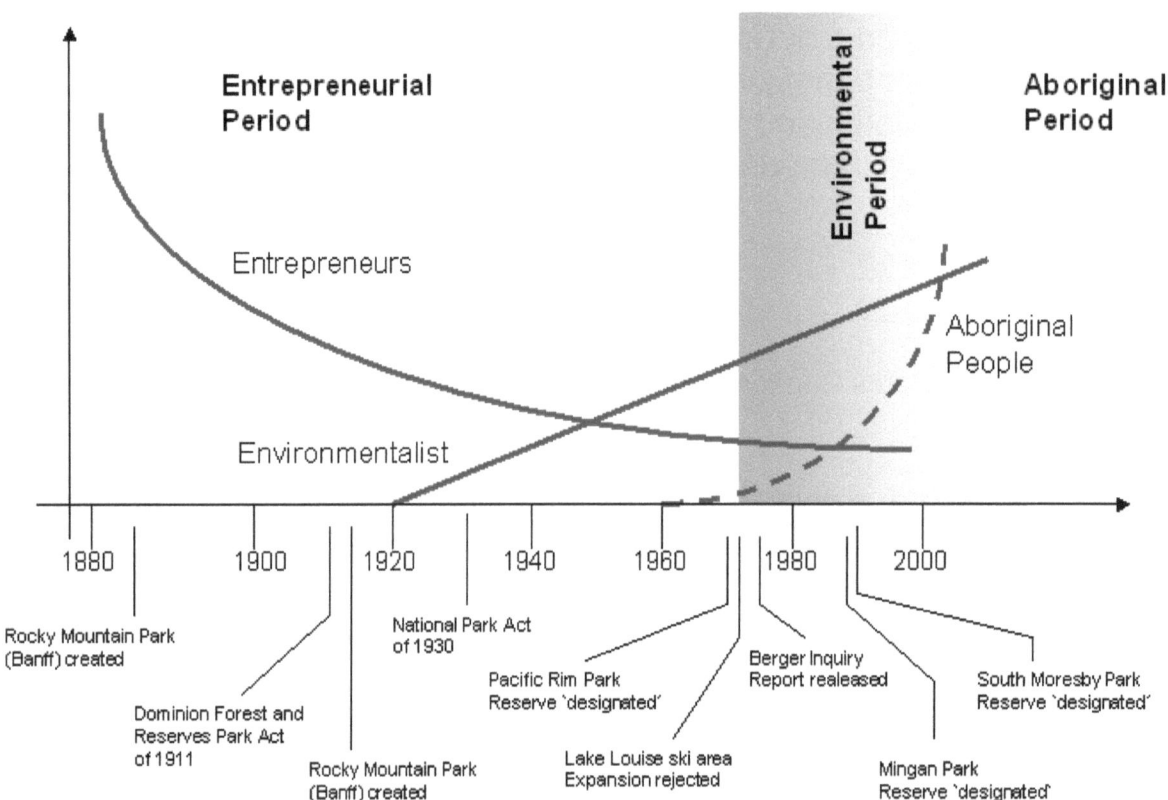

Quelle: veränderte Darstellung nach Dearden/Rollins 1993, S. 7

Über die vergangenen 130 Jahre sehen Dearden und Rollins drei verschieden Einflussgruppen, die jeweils in einer bestimmten Zeit, die jeweilige Nationalparkpolitik bestimmten. In Abbildung 2 wird dieser Verlauf entlang eines Zeitstrahles verdeutlicht. Zuerst lag der Schwerpunkt des Interesses in der ökonomischen Ausbeutung, der sogenannten *Entrepreneurial Period*. Ab 1920 und erst recht mit der Verabschiedung des National Park Act 1930, dem Aufkommen der Umweltbewegung und der Gründung der NPPAC lag die Betonung der politischen Zielsetzung auf der Erhaltung der Ressource Natur. Seit 1960 sehen Dearden und Rollins einen stetig steigenden Einfluss der indigenen Bevölkerungsgruppen auf die NP-politik. Indigene

---

[36] Vgl. Dearden/Rollins 1993, S. 30.

Stämme siedelten historisch in weiten Teilen des Nordens, die vor 1960 zu NP ausgerufen wurden. Z.B. während des Ernennungsprozesses des Auyuittuq National Park 1962 intervenierte die Inuit Taparisat[37], weil die Regierung unilateral agierte und den Indianern Land stahl[38]. Sie erreichten eine Änderung des National Park Act. Ab jetzt musste über Enteignung und Umsiedlung in das Parkrandgebiet verhandelt werden, und die Ausweisung als *National Park Reserve*[39] erfolgen. Es wurde ebenfalls ein *Parks Canada Aboriginal Affairs Secretariat* gegründet, dass den Kommunikations- und Wissenfluss mit den kanadischen Ureinwohnern erleichtern soll[40]. Welches den Ureinwohner weitreichende Fisch und Jagdmöglichkeiten im NP überließ. Es lässt sich nicht allgemein nachweisen, dass der gesteigerte Einfluss der Ureinwohner einen besseren Umgang mit der Natur nach sich zog.

Abbildung 3: The changing emphasis in park roles over time

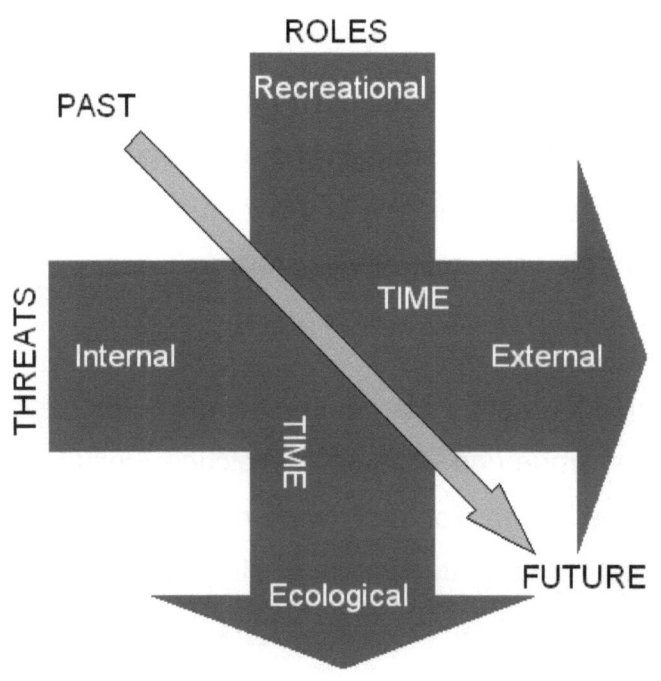

Quelle: Dearden/Rollins 1993, S. 9

In Abbildung 3 bilden Dearden und Rollins die Bedrohungen und Intention des Kanadischen Nationalparksystem im historischen Kontext ab. Sie dokumentieren, dass über den betrachteten Zeitraum, also seit etwa 1880 das Rollenverständnis und die Aufgabe der Nationalparks einer Veränderung unterworfen worden sind. Zur

---

[37] NRO, die die Inuit der östlichen Arktis vertritt.
[38] Vgl. Dearden/Rollins 1993, S. 34.
[39] z.B. South Moresby, Pacific Rim, Mingan Archipelo etc.
[40] Parks Canada Agency (Hrsg.) 1999, S. VII.

Gründung und Entstehung war die Natur Vehikel neue Wirtschaftsfelder zu erschließen und die nationale Wertschöpfung zu steigern. Kontinuierlich wurde jedoch, zunächst von nicht öffentlicher Seite, die Umweltorientierung gefordert. Da die legislativen Vorraussetzungen für eine nachhaltige Nationalparkpolitik geschaffen sind, schlussfolgern Dearden und Rollins, dass die Bedrohungen des Systems heute eher von außen kommen. Beispiele hierfür sind Saurer Regen, genereller Klimawechsel (Niederschlags- und Temperaturschwankungen), Ozonkonzentration und vermehrte CO_2 Ausschüttung[41].

3.3 Touristische Bedeutung der kanadischen GSG

Begründet durch die schon in der Einleitung genannten grundsätzlichen Problemen des Tourismus sanken die Einnahmen das dritte Jahr in Folge. Die Einnahmen fielen von 52,1 Mrd. \$ im Jahr 2002 auf 50,7 Mrd.\$ in 2003[42]. Im besonderen traf den kanadischen Markt der Beginn des Irakkrieges, die SARS Krise, Waldbrände in British Columbia sowie der große Stromausfall von Ontario[43]. Trotzdem unternahmen die Kanadier 172 Millionen *Trips*[44] und etwa 39 Millionen Ausländer besuchten Kanada in 2003 aus touristischen Gründen[45]. Die Kanadische Tourismusindustrie beschäftigt direkt und indirekt etwa 569.000 Menschen (3,7% der arbeitsfähigen Bevölkerung), damit ist die Bedeutung des Tourismus vergleichbar mit dem Sektor Landwirtschaft.[46]

Die Kanadier sehen das Nationalparksystem, als drittwichtigstes nationales Identifikationssymbol (nach der Nationalhymne und –flagge)[47]. Welchen Einfluss hat aber der Faktor *Naturressource* im touristischen Kontext? Nach der Parks Canada Agency sind 75% der touristischen Destinationen in Kanada in direkter Verbindung mit (Natur-)kulturellem Ereignissen oder Orten verknüpft. Sie sehen hier eine Chance

---

[41] Vollständige Liste der externen Bedrohungen bei Parks Canada 1999, S. 27ff.

[42] Eigene Berechnung nach StatCan 2003, http://www.statcan.ca:80/english/freepub/13-009-XIB/13-009-XIB2003004.pdf, S. IX, 24.08.2004.

[43] Vgl. StatCan 2003, http://www.statcan.ca:80/english/freepub/13-009-XIB/13-009-XIB2003004.pdf, S. IX, 24.08.2004.

[44] ein Trip ist eine zeitlich begrenzte Ortsänderung die mindestens 80km vom Ausgangspunkt entfernt liegt und mindestens eine Übernachtung beinhaltet.

[45] Vgl. StatCan, http://www.statcan.ca/english/Pgdb/arts26a.htm, 25.08.2004.

[46] Eigene Berechnung nach StatCan, http://www.statcan.ca/english/Pgdb/labor10a.htm, 25.08.2004 und StatCan, http://www.statcan.ca:80/english/freepub/13-009-XIB/13-009-XIB2003004.pdf, S. XI, 25.08.2004.

[47] Vgl. Parks Canada 1999, S. 57.

die „premier four-session destination for connecting with nature and for experiencing diverse cultures and communities"[48] zu werden.

Die Implementation einer solchen Strategischen Tourismusausrichtung kann nur unter Nachhaltigkeitsgesichtspunkten erfolgen. Ansonsten würden das ökologisch-kulturelle Erbe Kanadas innerhalb weniger Jahrzehnte in seiner Existenz bedroht sein. Die Strategie orientiert sich weites gehend an den Nachhaltigkeitskonzepten, die in Gliederungspunkten 2.1 und 2.3 aufgeführt wurden. Im besonderen sollen Touristenmassierungen im örtlichen, sowie zeitlichen Sinne vermieden werden. Dies erfordert neue Nutzungskonzepte, da die letzten fünf Jahre zwischen 14 und 16 Millionen[49] registrierten Besucher jährlich die Nationalparks zeitlich und örtlich massiert bereist haben. So besuchten hiervon alleine 4,2 Millionen nur den Nationalpark Banff[50] (vermehrt in den Hauptreisemonaten Juli und August).

3.4 Nachhaltigkeitskonzept der Parks Canada Agency

Die Park Canada entwickelte 2001 in ihrem *Annual Report 2001 – 2002* das erste Mal fünf strategische Nachhaltigkeitsziele[51], die die langfristige Konservierung des Naturerbes Kanadas sichern sollen:

- Der Aus- und Aufbau bestehender und zukünftiger schützenswerter Gebiete zur Erhaltung jeder einzigartigen Naturregion Kanadas.

- Erhaltung und Wiederaufbau der Unversehrtheit jeder ökologischen Region innerhalb eines GSG.

- Steigerung des öffentlichen Interesses und des ökologischen Bewusstseins um die Werte des Nationalparksystems zu sichern.

- Koordination der Besuchererwartungen und Nutzung der Nationalparks, um den Zufriedenheitsgrad zu erhöhen und die ökologische Beeinflussung zu minimieren.

---

[48] Parks Canada 1999, S. 62.

[49] Parks Canada, http://www.pc.gc.ca/docs/pc/rpts/rp-pa2001-2002/visiteur-visitor/visiteur-visitor2a_E.asp, 25.08.2004.

[50] Vgl. Vogelsang 1993, S. 106; Lenz 2001 geht von 4-5 Millionen Besuchern in Banff und 1,6 Millionen in Jasper jährlich aus.

[51] Parks Canada, http://www.pc.gc.ca/docs/pc/rpts/rp-pa2001-2002/dev/dev1_E.asp, 25.08.2004.

- Die Park Behörden sind angehalten Geräuschemissionen zu minimieren und umweltpolitische Verantwortung zu übernehmen.

Auch wenn die oben gelisteten Ziele als Nachhaltig angesehen werden können, fehlt doch die Konkretisierung in Einzelziele. Die Formulierung ist schwammig und unzureichend, um als tatsächliche Richtlinie ernstgenommen zu werden.

3.5 Zonenkonzept am Beispiel des Nationalpark Banff

Wie oben beschrieben setzte in der kanadischen Nationalparkpolitik ein Umdenken nach dem National Park Act und Mitte der sechziger Jahre ein hin zu einer ökologischeren Ausrichtung des Nationalparksystems. Auf die touristische Bedeutung der beiden NP Banff und Jasper in Alberta, wurde im Gliederungspunkt 3.3 näher eingegangen. So ist wenig verwunderlich, dass diese beiden Parks einen großen Einfluss auf das Nationalparksystem besitzen. Im folgenden soll exemplarisch das *Zonenkonzept*[52] des NP Banff vorgestellt werden. Die Zonenkonzepte anderer Parks sind aber weites gehend vergleichbar:

- *Zone I: Special Preservation*
  Zone mit besonders hohem Schutz und strengen Kontrollvorschriften. Sie umfasst etwa 4% der Parkfläche (266km²). Geschützt wird hier einzigartige Flora und Fauna, heiße Quellen, Karsthöhlen, Permafrostvorkommen und Orte indigener Vergangenheit.

- *Zone II: Wilderness*
  Naturbelassene Umgebung. Sie umfasst etwa 96% der Parkfläche (6375 km²). inbegriffen sind hier Berghänge, Seen, Wald und Flur, aber auch Zeltplätze, Schutzvorrichtungen und Hütten.

- *Zone III: Natural Environment*
  Dieser etwa euphemistisch anmutende Begriff umfasst den engeren Umkreis von Straße, Küstenstreifen und Lodges. Wie Lenz sagt erfolgt hier die Erhaltung der Natur aus rein ästhetischen Gründen. Sie umfasst etwa 1% der Parkfläche (66,41 km²).

- *Zone IV: Outdoor Recreation*
  Zone IV umfasst 1% der Parkfläche und schließt Unterhaltungs- und Sportstätten mit ein. Hierzu gehören z.B. Picknickplätze, Aussichtspunkte, Skigebiete und der Lake Minnewanka, auf dem Motorboote fahren dürfen.

---

[52] Zonenkonzept vgl. Lenz 2001, S. 156.

■ *Zone V: Park Service*

Hierunter wird die Fläche subsumiert, die das Parkmanagement benötigt, um den ordnungsgemäßen Ablauf im Park sicherzustellen. Hierzu zähle die Areale von Besucherzentren und Versorgungseinrichtungen (>1% der Parkfläche).

Abbildung 4: Zonen des Nationalpark Banff

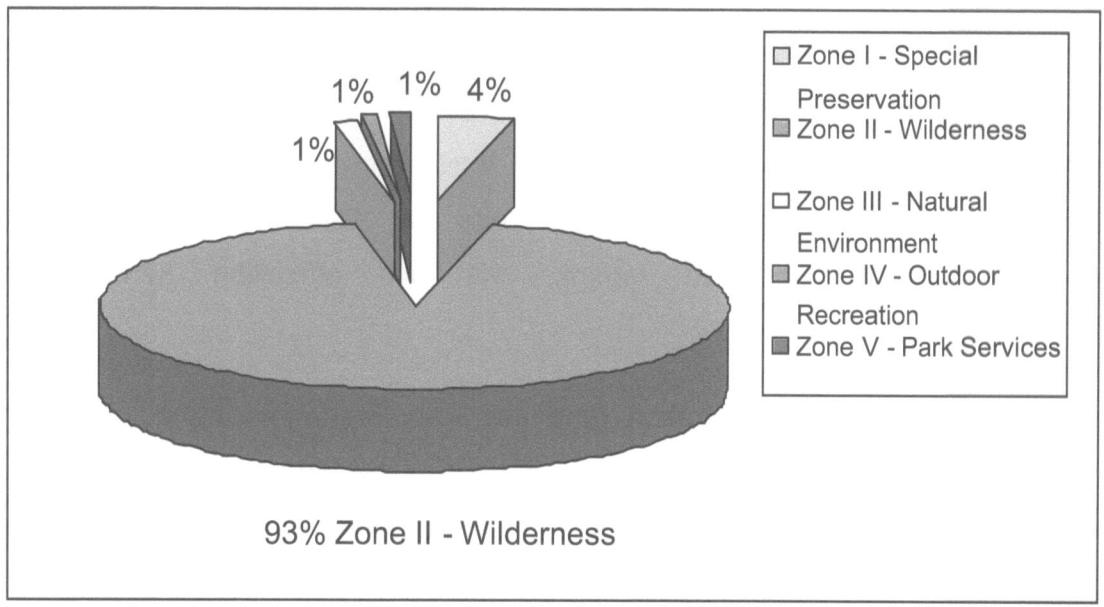

Quelle: Eigene Darstellung

4. Fallstudien

4.1 Banff and Lake Louise Tourism Bureau (www.banfflakelouise.com)

Das Banff and Lake Louise Tourism Bureau ist eine 1992 gegründete Non-Profit-Organisation, dessen Aufgabe die touristische Vermarktung und Inwertsetzung der Destinationen Banff und Lake Louise ist. Das Unternehmen besteht aus über 1.000 Partnern der lokalen (Tourismus-)Industrie, sowie anderen Partnern der Nationalparks. Betont werden muss hier die ökonomische Ausrichtung des Unternehmens, es gelten jedoch dieselben legislativen ökologischen Auflagen, wie für jedes andere Unternehmen. Die Seite der Destination Management Organisation (DMO) ist direkt verlink, mit der offiziellen kanadischen Nationalparkseite Parks Canada.

Obwohl die kanadische Administration (und das Park Management) ausreichend nachhaltige Zielformulierungen (sowohl mit Gesetzescharakter, als auch in rein absichtsbezogener Form) ratifiziert hat, ist auf der Homepage des Tourism Bureau wenig von Nachhaltigkeit zu lesen. Hier wird Banff beworben mit seiner staufreien Erreichbarkeit auf einem vier-spurigen Highway[53], seinen Amüsiervierteln, den Backcountry Lodges, die z.T. nur per Helikopter erreichbar sind sowie Heliskiing und Helihiking. Obwohl man im ökonomischen Sinne über die ökologische Sinnhaftigkeit von Heliskiing diskutieren kann[54], ist die Bewerbung dieser Angebote nicht als Nachhaltig zu bezeichnen[55]. Weiter werden viele Varianten des off-road Tourismus (Cross Country- Skiing, Hiking, Hundeschlitten fahren, Touring) beworben. Fortbewegung dieser Art verändern nicht nur die Flora und Fauna durch die ordnungsgemäße Nutzung des jeweiligen Vehikels, sondern belasten die Natur auch durch Geräusch und/oder Gasemissionen.

Der NP Banff bietet in diesem Zusammenhang auch diverse Golfplätze, die unter ökologisch-nachhaltigen Gesichtspunkten abgelehnt werden müssen.

---

[53] Den Transcanada Highway durch Banff benutzen täglich 25.000 Fahrzeuge (jährliche Zunahme 1,5%), dass sind mehr als fünfmal so viele Fahrzeuge, wie z.B. im US-amerikanischen Yosemite Nationalpark, http://www.praxis.ca/banfftwinning/projectoverview.htm, 26.08.2004.
[54] Siehe Diskussion über den „optimalen Verschmutzungsgrad".
[55] Vgl. Nachhaltigkeitskatalog des Umweltbundesamt, http://www.umweltbundesamt.de/nachhaltiger-tourismus/tourismusorte.htm, 27.08.2004.

Das Banff and Lake Louise Tourism Bureau hält sich an die legislativen Richtlinien kann aber unter Nachhaltigkeitsgesichtspunkten nicht als zielförderlich angesehen werden. Ein fortschreitende Internalisierung der Nachhaltigkeitsphilosophie erscheint nicht nur zweckmäßig, sondern auch nötig, um die Übernutzung der Destination Banff und Lake Louise zu verhindern. Es erscheint nicht stringent, dass eine Regierungsorganisation Kriterien der nachhaltigen touristischen Nutzung definiert und eine direkt hiermit verbundene Organisation diese Zielsetzung konterkariert. Als Koordinations- und Überwachungsbehörde hat die NPPAC versagt.

4.1 Great Canadian Ecoventures (www.thelon.com)

 Die *Great Canadian Ecoventures* bieten Expeditionen in die NP des Northwest Territories und nach Nunavut an. Die von einem früheren Buschpiloten namens „Tundra" Tom Faess geleitete Organisation bietet Low-Impact-Ausflüge in den kanadischen Norden an. Ob das Unternehmen ökonomische Gesichtspunkte verfolgt, darf zumindest bezweifelt werden, da die wenig touristisch genutzten Regionen im Norden Kanadas nur wenige Besucher anziehen. Spezialisiert ist das „Unternehmen" auf Photoexkursionen[56]. Ihre Grundsätze sind minimale Beeinflussung der Natur. Schon auf der Startseite wird auf diese *Ethics* des Reisen verwiesen: Ziel ist die unbeeinflusste Beobachtung der Tierwelt Kanadas. Der Beobachtungsprozess wird weder gefördert, verlängert und geringst möglich beeinflusst. Es wird explizit darauf hingewiesen, dass abweichende Zielsetzungen wie z.B. Tierfütterungen, Gefangennahme oder Jagd nicht mit Ecoventures vereinbar sind. Vor jeder Reise werden die Teilnehmer intensiv über ökologische Verträglichkeit geschult z.B. wie man ein Feuer macht, ohne Spuren zu hinterlassen.

Ecoventures bietet Photoexkursionen, Kanu-, Kajak- und Klettertouren sowie Reisen zu den indigenen Ursprüngen Kanadas an. Die sogenannten *Dreamcatchertours* werden meistens von einem erfahrenen Indio geleitet, der die althergebrachten Lebensgewohnheiten und Kulturen erklärt. Sie führen z.B. an historischen Pfaden und indigener Architektur vorbei. Aktivitäten während der Reisen sind etwa Fliegenfischen, Beobachtung der Nordlichter und/oder Besuch von thematisch verwandten Museen. Ecoventures wurde für seine Ökotourismusaktivitäten und das

---

[56] Ecoventures bietet Reisen in die Gebiete von Wölfe, Karibu, Elche, Moschusochsen, Schneegänse, Buffel, Füchse, Eulen, Falken, Adler und Bären an.

Nachhaltigkeitskonzept mehrfach ausgezeichnet, u.a. vom WWF und dem Ecotourism Ring. Die Reisen sind professionell organisiert und sind als hochpreisig zu bezeichnen. Dieses Fallbeispiel differiert also sowohl quantitativ als auch qualitativ stark von der oben genannten Destinationsangebot.

5. Schlussfolgerungen

Es konnte festgestellt werden, dass die kanadische Legislative seit der Gründung des ersten Nationalparks 1885, vielschichtige Gesetze und Richtlinien erlassen hat, um das Naturerbe Kanadas zu erhalten. Es ist jedoch zu konstatieren, dass die Nachhaltigkeitskonzepte, wie sie z.B. das Umweltbundesamt auflistet in der Praxis wenig umgesetzt worden sind. In diesem Zusammenhang ist nicht zu verstehen, wie eine durch die öffentliche Hand geschaffene Behörde Tourismusformen bewirbt, die mit den Richtlinien von Parks Canada unvereinbar sind. Hier ist die NPPAC gefordert, stärker ihrer Kontrollfunktion nachzugehen. Es muss ein Bewusstsein in der Bevölkerung für diese Themen geschaffen werden, um eine fortschreitende Zerstörung zu verhindern. Nicht zuletzt deswegen ist und bleibt Ökotourismus – schon durch seine definitorischen Grundsätze – ein Nischenprodukt. Gerade weil die Probleme von GSG nicht isoliert betrachtet werden können, müssen Zukunftsinitiativen, wie z.B. das Kyoto Protokoll schnell ratifiziert und umgesetzt werden. Im Sinne von *think global, act local* muss den externen ökologischen Bedrohungen lokal begegnet werden, eine ganzheitliche Nachhaltigkeit für GSG kann aber nur mit Hilfe internationaler Kooperation sichergestellt werden.

Im Gegensatz zu ökotouristischen Ansätzen, sind Nachhaltigkeitskonzepte vereinbar mit einer quantitativen Inwertsetzung einer Destination. Hier sind ebenfalls nur rudimentäre Umsetzungsprozess in kanadischen GSG feststellbar. Auch hier scheint eine Schulung und Kommunikation des nachhaltigen Wertesystems der Bevölkerung als geeignete Maßnahme. Die kanadische Parkverwaltung hat es versäumt sich als nachhaltige Tourismusdestination zu positionieren und ihr ökologisches Erbe zu bewahren. Es erscheint notwendig die legislativ ausreichenden Verordnungen konsequent umzusetzen und durch das einzigartige ökologische Potential sich neue Tourismussegmente zu erschließen.

Literaturverzeichnis

BATHELT, Harald/GLÜCKLER, Johannes (2002): Wirtschaftsgeographie, Ökonomische Beziehungen in räumlicher Perspektive, Stuttgart.

BUNDESAMT FÜR NATURSCHUTZ DER BUNDESREPUBLIK DEUTSCHLAND (Hrsg.) (o.J.):http://www.bfn.de/03/031402_iyesanft.htm, 15.07.2004.

BUNDESZENTRALE FÜR POLITISCHE BILDUNG (Hrsg.) (o.J.): http://www.bpb.de/publikationen/T1PDFH,1,0,Lokale_Agenda_21_in_Deutsch land_eine_Bilanz.html, 17.08.2004.

DEARDEN, Philip/ROLLINS, Rick (1993): Parks and Protected Areas in Canada, Planing and Management, Toronto, Oxford u.a..

DEPARTMENT OF LAW CANADA (Hrsg.) (2004): http://laws.justice.gc.ca/en/n-14.01/19110.html, 21.08.2004.

ECOTOURISM PORTAL (o.J.): http://www.ecotourism.cc/, 26.08.2004.

EUROPÄISCHE UNION (Hrsg.) (2004): http://europa.eu.int/comm/environment/ ecolabel/ index en.htm, 23.08.2004.

LENZ, Karl (2001): Kanada, Geographie – Geschichte – Wirtschaft – Politik, Darmstadt

LISTING CANADA (o.J.): http://listingsca.com/parksmap.asp, 16.06.2004.

MEFFERT, Heribert (2000): Marketing, Grundlagen marktorientierter Unternehmensführung: Konzepte – Instrumente – Praxisbeispiele, Wiesbaden.

PARKS CANADA AGENCY (Hrsg.) (1999): State of Protected Heritage Areas, 1999 Report, Gatineau (Quebec).

PARKS CANADA AGENCY (Hrsg.) (2003): Annual Report 2001-2002, Gatineau (Quebec).

PARKS CANADA AGENCY (Hrsg.) (2004): http://www.parkscanada.pch.gc.ca/ progs/np-pn/index_E.asp, 21.08.2004.

STATISCHES BUNDESAMT DER BUNDESREPUBLIK DEUTSCHLAND (Hrsg.) (2003): http://www.destatis.de/basis/d/umw/ugrtab7.php, 22.08.2004.

TRANSCANADA HIGHWAY (o.J.): http://www.praxis.ca/banfftwinning/projectoverview.htm, 26.08.2004.

UMWELTBUNDESAMT DER BUNDESREPUBLIK DEUTSCHLAND (Hrsg.) (2003): http://www.umweltbundesamt.de/nachhaltiger-tourismus/index.htm, 10.08.2004.

VOGELSANG, Roland (1993). Länderkunde Kanada, Gotha.

WORLD CONFERENCE ON SUSTAINABLE TOURISM (Hrsg.) (1995):
http://www.insula.org/tourism/document.htm, 10.08.2004.

WORLD TOURISM ORGANISATION (Hrsg.) (o.J.): www.world-tourism.org,
10.08.2004.

STATISTICS CANADA (Hrsg.) (2004): http://www.statcan.ca/english/Pgdb/ prim03.htm;
22.08.2004.

SUSTAINABLE DEVELOPMENT FORUM E.V. (Hrsg.) (o.J.): http://www.sd-
forum.de/nachhaltigkeit/ main.html, 22.08.2004.

Anhang

1. National Parks in Kanada

National Park/ Reserve (R)	Year of Agreement	Year Established	Park Area Sq.Km.
1) Banff, Alberta	-	1885	6,641.0
2) Yoho, British Columbia	-	1886	1,313.1
4) Waterton Lakes, Alberta	-	1895	505.0
5) Jasper, Alberta	-	1907	10,878.0
6) Elk Island	-	1913	194.0
7) Mount Revelstoke, British Columbia	-	1914	259.7
8) St. Lawrence Lowlands, Ontario	-	1914	8.7
9) Point Pelee, Ontario	-	1918	15.0
10) Kootenay, British Columbia	-	1920	1,406.4
11) Wood Buffalo, Alberta, North West Terr.	-	1922	44,802.0
12) Prince Albert, Saskatchewan	-	1927	3,874.3
13) Riding Mountain, Manitoba	-	1929	2,973.1
14) Georgian Bay Islands, Ontario	-	1929	25.6
15) Cape Breton Highlands, Nova Scotia	-	1936	948.0
16) Prince Edward Island, Prince Edward Island	-	1937	21.5
17) Fundy, New Brunswick	-	1948	205.9
18) Terra-Nova, Newfoundland	-	1957	399.9
19) Kejimkujik, Nova Scotia	1967	1974	403.7
20) Kouchibouguac, New Brunswick	1969	1979	239.2
21) Pacific Rim, British Columbia	1970/87	-	285.8
22) Forillon, Quebec	1970	1974	240.4
23) La Mauricie, Quebec	1970	1977	536.1
24) Pukaskwa, Ontario	1971/78	-	1,877.8
25) Kuane, Yukon Territory (R)	1972	1976	22,013.3
26) Nahanni, Northwest Territories (R)	1972	1976	4,765.2
27) Auyuttuq, Northwest Territories (R)	1972	1976	19,707.4
28) Gros Morne, Newfoundland	1970/73/78/83	-	1,805.0
29) Grasslands, Saskatchewan	1975/81/88	-	906.4
30) Mingan Archipelago, Quebec (R)	-	1984	150.7
31) Ivvavik, Yukon Territory	1984	1984	10,168.4
32) Ellesmere Island, Northwest Terr. (R)	1986	1988	37,775.0
33) Bruce Peninsula, Ontario	1987	-	154.0
34) Gwaii Haanas, British Columbia (R)	1987/88	-	1,495.0
35) Aulavik, Northwest Territories	1992	-	12,200.0
36) Vuntut, Yukon Territory	1993	1995	4,345.0
37) Wapusk, Manitoba	1996	-	11,475.0
38) Tuktut Nogait, Northwest Territories	1996	-	16,340.0

Quelle: http://www.pc.gc.ca/docs/pn-np/nation/nation103_e.asp, 22.08.2004

2. Ökologische Einheiten in Kanada

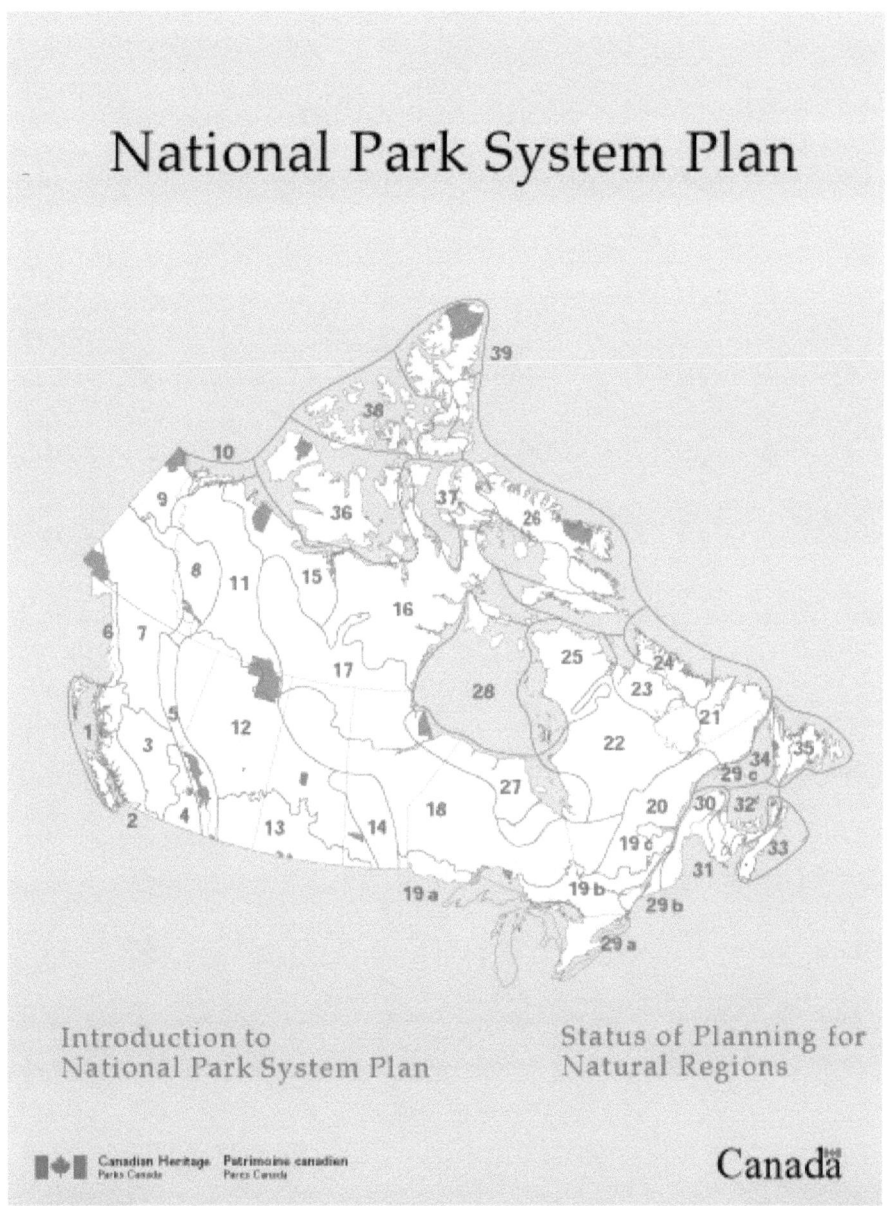

Quelle: http://www.pc.gc.ca/docs/pn-np/nation/nation1_e.asp, 22.08.2004